疯狂的十万个为什么系列

小笨熊 这就是

数理化 ⑩

崔钟雷 主编

化学：物质的构成·水·化学方程式

黑龙江美术出版社

杨牧之

国务院批准立项
国家重大出版工程 《中国大百科全书》总主编

1966年毕业于北京大学中文系，中华书局编审。曾经参与创办并主持《文史知识》（月刊）。1987年后任国家新闻出版总署图书司司长、副署长。第十届全国人大代表、教科文卫委员会委员。现任《中国大百科全书》总主编、《大中华文库》总编辑、《中国出版史研究》主编。

崔钟雷主编的"疯狂十万个为什么"系列丛书、百科全书系列丛书，是用中国价值观、中国人喜闻乐见的形式，打造的送给孩子们的名家彩绘版科普读物。我祝贺它们的出版。

杨牧之
2018.1.9
北京

编委会

总 顾 问：杨牧之

主 编：崔钟雷

编委会主任：李 彤 刁小菊

编委会成员：姜丽婷 贺 蕾
张文光 翟羽朦
王 丹 贾海娇

图书设计：稻草人工作室

■ 崔钟雷
2017年获得第四届中国出版政府奖
"优秀出版人物"奖。

■ 李 彤
曾任黑龙江出版集团副董事长。
曾任《格言》杂志社社长、总主编。
2014年获得第三届中国出版政府奖
"优秀出版人物"奖。

■ 刁小菊
曾任黑龙江少年儿童出版社编辑室主任、黑龙江出版集团出版业务部副主任。2003年被评为第五届全国优秀中青年（图书）编辑。

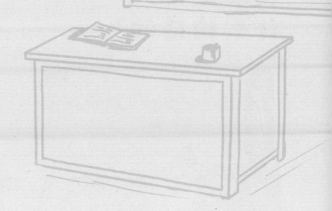

物质是由
什么构成的!

分子和原子

物质是由分子、原子等微观粒子构成的。

我为各位表演一个魔术!

透明的溶液变成红色的了!

疑惑——

这是怎么回事呢?

你好,魔术师先生,我叫阿伦,刚才的魔术很有意思!

你好,阿伦,我猜你是想知道其中的奥秘吧!

人类是由细胞构成的，那么物质是由什么构成的？

魔术师先生，我没有想过。

我是由微观粒子构成的！

刚才那个小魔术其实也是分子家族的功劳。

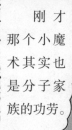

日常生活中，食盐在水中溶解，相隔很远就能闻到花香，都是因为分子在不停运动啊！

湿衣服在什么情况下容易晒干呢？

在受热的情况下，比如太阳直晒，或者放在火炉旁。

聪明的小笨熊说

在受热的情况下，分子能量增大，运动速率加快，水受热后蒸发加快，所以湿衣服才会比较容易晒干。

50 毫升水和 50 毫升酒精倒在一起,混合后的溶液少于 100 毫升,这是因为分子之间存在间隔。

我能够使带火星的木条复燃,你可以吗?

我们由不同分子构成,性质也不同,我当然不能!

分子的性质:

1.分子的质量和体积都很小。

2.分子不断进行运动

3.分子之间是有间隔的。

4.同种物质的分子性质相同,不同种物质的分子性质不同。

苯的结构简式是如何被发现的呢?

我梦见一条原子链像蛇一样咬住自己的尾巴,在我眼前旋转不停。难道苯分子是一个环?

凯库勒

原子是化学变化中的最小粒子,是由原子核和绕核运动的核外电子组成的。

什么是原子?

原子可以构成分子。

原子也可以构成物质。

分子只能构成物质。

你知道吗！

分子和原子都是构成物质的微观粒子。其中，分子是保持物质化学性质的最小粒子，原子是化学变化中的最小粒子。在化学变化中，分子是可以再分成原子的，而原子是不能再分的。

我的助手是分子和原子，分子可以分裂成原子，而原子又可以重新组合成新的分子。

化学变化爷爷

我听说有个原子最外层有 6 个电子，咱们去它那儿吧！

原子的最外层电子数决定原子得失电子的能力，并由此决定元素的化学性质。

我们将带有电荷的原子或原子团叫作离子。

元素和原子之间有什么联系？

| 元素 | 元素是具有相同核电荷数（即核内质子数)的同一类原子的总称。 |

欢迎来到元素街。

这条街道怎么这么奇怪？招牌都是符号，另外，这些符号是什么意思呢？

是谁在说话？

我闻到了肥羊的味道！

你好，探险家，我是这条元素街的向导，我叫黑心。

你是向导？你的名字和这身衣服，让人很难对你产生信任啊！

老黑向导，请你为我介绍一下这个地方吧！

我要是让你跑了，我还怎么当黑心向导啊！

元素街的每家店铺都以一种元素作为招牌，贩卖由这种元素组成的物质。

原子是元素的个体，元素是一类原子的总称。元素只表示种类，不表示个数。

原子和元素是个体和总体的关系。当然，它们还是有些区别的。

一般我们描述物质的时候都是说由元素组成的，由原子构成的，比如水是由氢元素和氧元素组成的。

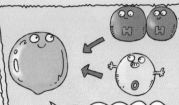

一个水分子是由两个氢原子和一个氧原子构成的。

元素符号采用的是拉丁文，书写遵循"一大二小"的规则，就是第一个字母要大写，第二个字母要小写。

看我们店面大小就能猜出地壳里这种元素含量多少，地壳里含量位列前几名的元素依次是：O、Si、Al、Fe。

这是什么？

这是氧气。

疯狂的小策熊说

元素符号表示一种元素，还表示这种元素的一个原子。对于由原子直接构成的物质，元素符号还可以表示这种物质。

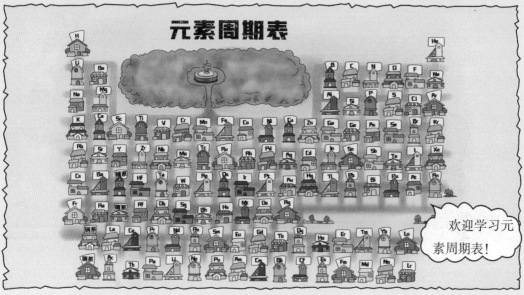

水是由什么组成的？

水的组成

　　水，化学式为 H_2O。水在常温常压下为无色、无味的透明液体，被称为"人类生命的源泉"。

水的成分是什么呢？

好沉！

这些是什么？

　　你不是要了解水的成分吗，我就去借了这些实验器材。

蓄电池

　　把水电解器组装好，然后就要给水通入直流电……

　　我有稳定性，在1000℃以上才开始分解。我还有电解性，都是让你们人类电出来的。

我想知道这些都是什么气体。

体积小的气体，能使带火星的木条复燃，证明是氧气。体积大的气体，点燃后火焰为淡蓝色，证明是氢气。

水电解生成了氢气和氧气，说明水是由氢、氧两种元素组成的化合物。

我叫 H_2O，别看我个头不大，但我有很多化学含义。

我代表水这种物质。

我代表一个水分子。

水是由分子构成的。

水分子这种微粒不带电。

一个水分子中含有两个氢原子和一个氧原子。

水是化合物。

水中的氢、氧原子数比为2:1。

水是由氢元素和氧元素组成的。

我比较了解氧气，但是氢气是什么？

下次再讲氢气，我要把那些电解装置还回去了。

疯狂的小笨熊说

水是由氢、氧两种元素组成的化合物。水的主要化学性质有：稳定性、氧化性、还原性和电解性。

化学式的
书写规律是什么？

化学式

化学式是用元素符号和数字组合表示物质组成的式子。

新研发的药水，瞧一瞧，看一看。

公园里有一个自称"化学家"的人，我怀疑他是骗子。

好，我马上就到。

"骗子"在哪儿？

就是他！如果你是化学家，回答我们的问题肯定很轻松吧！

你们想干什么？

物质的"名片"是什么?

是化学式,是用元素符号和数字组合表示物质组成的式子。

一、单一化学式写法

1.由原子构成的单质

（1）金属单质

（2）固态非金属单质

（3）稀有气体单质

2.由分子构成的单质

非金属气体

二、化合物化学式写法

……

有奖知识竞答

H、$2H$、H_2、$2H_2$、各具有什么意义?

奖品丰厚

有点儿混乱……

感觉很复杂。

疯狂的小笨熊说

H 表示氢元素或一个氢原子;$2H$ 表示两个氢原子;H_2 表示氢气这种物质,氢气由氢元素组成,一个氢分子是由两个氢原子构成的;$2H_2$ 表示两个氢分子。

这回相信我了吧!

对不起,化学家先生,多有冒犯。

原来是我们误会了化学家先生。

我们学到了很多知识,期待下一次与他相见。

反应物与生成物之间存在什么关系？

化学方程式

化学方程式，也称为"化学反应方程式"，是用化学式来表示化学反应的式子。

每一个反应从发生到结束描述起来都不容易，我写字写得手都酸了。

既然如此，我就教你一种写法——化学方程式。

这个方程式的写法有些像数学等式，应该怎么把它读出来呢？

$$2H_2O \xrightarrow{\text{通电}} 2H_2\uparrow + O_2\uparrow$$

宏观读法是：在通电的条件下，水分解成氢气和氧气。微观读法是：在通电的条件下，两个水分子分解生成两个氢分子和一个氧分子。

化学方程式书写步骤：
1. 写：写出反应物和生成物的化学式；
2. 配：配平化学方程式；
3. 等：将短线改为等号；
4. 标：标明反应条件、生成物状态，并检查。

认真听讲！

化学方程式配平歌：
左写反应物，产物放右边。
写完分子式，再把系数添。
配平连等号，最后加条件。
生成物状态，箭头来表现。
沉淀箭朝下，气体箭向天。

生成物里有气体，要标向上的箭头。

生成物里有沉淀，要标向下的箭头。

我发现化学方程式还可以用于简便计算。

质量守恒定律就是参加化学反应的各物质的质量总和等于反应后生成的各物质的质量总和。

老师教会我这么多知识，我要怎么感谢他呢？

把我教过的知识都记住，就是对我最大的感谢。

如何正确书写化学方程式？

书写化学方程式要遵守两个原则：一是必须要以客观事实为基础，二是要遵守质量守恒定律。

欢迎来到化学世界！

化学世界举办化学方程式大赛，不论您是本地居民还是探险者，均可参加，奖品丰厚！

大赛的规则很简单，我们给出条件，在规定的时间内大家抢答说出对应的方程式。

答对加分，答错扣分，不答不得分，比赛正式开始。

请说出单质与氧气的反应。

木炭在空气中不充分燃烧生成一氧化碳的化学方程式是 $2C+O_2 \xrightarrow{\text{点燃}} 2CO$。

这多简单!

木炭在氧气中充分燃烧生成二氧化碳的化学方程式是 $C+O_2 \xrightarrow{\text{点燃}} CO_2$。

$S+O_2 \xrightarrow{\text{点燃}} SO_2$。

$3Fe+2O_2 \xrightarrow{\text{点燃}} Fe_3O_4$。

$2Mg+O_2 \xrightarrow{\text{点燃}} 2MgO$。

$2H_2+O_2 \xrightarrow{\text{点燃}} 2H_2O$。

我知道的都被他们说了。

不要忘记了!

疯狂的小笨熊说

书写化学方程式时,在式子左、右两边的化学式前面要配上适当的化学计量数,使得每一种元素的原子总数相等,这个过程就是化学方程式的配平。

请说出分解反应的化学方程式。

$$CaCO_3 \xrightarrow{\text{高温}} CaO + CO_2\uparrow。$$

$$2HgO \xrightarrow{\text{加热}} 2Hg + O_2\uparrow。$$

$$2H_2O \xrightarrow{\text{通电}} 2H_2\uparrow + O_2\uparrow。$$

我还知道复分解反应的化学方程式。
比如:$2NaOH + H_2SO_4 \rule{1cm}{0.4pt} Na_2SO_4 + 2H_2O$,
$K_2CO_3 + CaCl_2 \rule{1cm}{0.4pt} CaCO_3\downarrow + 2KCl$。

比赛到了关键的时刻,有三位选手都得到了三分,到底谁能夺得冠军呢?让我们进入加时赛。

冠军非我莫属。

也许是我呢。

友谊第一,比赛第二。

书写化学方程式时要注意以下几个"不要"：

写化学方程式时，不能把某个熟悉的化学方程式当作一般公式去套用，这样就犯了乱套"公式"的错误；不要随意把化学方程式倒过来写；不要乱标生成物的状态和反应条件；写化学方程式一定要实事求是，不要乱写化学式，比如 $H_2 + O_2$ 反应生成物不是 H_2O_2。

不要乱写方程式。

恭喜！恭喜！

我赢了！

祝贺阿伦获得化学方程式大赛冠军。

为什么包子里的汤汁不会散开?

有一种小笼包,在汤汁中加了有机原料乳酸钙和黄原胶,利用分子的运动改变了汤汁的黏稠度,使得汤汁不会散开,而是在表面形成一层胶皮包裹住汁液。

▲ 小笼包美味可口,受到人们的青睐。

门捷列夫

德米特里·伊万诺维奇·门捷列夫(1834年—1907年),元素周期律的发现者之一,依照原子量,制作出了世界上第一张元素周期表,并据此预见了一些尚未发现的元素。他的名著《化学原理》被国际化学界公认为标准著作,影响了一代又一代的化学家。

联合国大会宣布2019年为国际化学元素周期表年,旨在纪念化学家门捷列夫在150年前发表元素周期表这一科学发展史上的重大成就。

▲ 门捷列夫。

为什么宇宙中氢元素最多，大气中氢气却最少？

　　氢是一种化学元素，元素符号 H，在元素周期表中位于第一位。氢通常的单质形态是氢气，无色、无味、无臭，是一种极易燃烧的由双原子分子构成的气体。宇宙中氢元素最多，大气中氢气却最少，这是星球引力的原因。星球质量越大，引力越强，能够吸引住的物质也越多。氢是宇宙中最轻的元素，想要把氢吸引住，这个星球的质量就必须非常大，引力要非常强。而地球在宇宙中只能算是一个质量非常小，引力也非常弱的星球，引力不足以把氢气吸引住，所以地球上几乎没有游离状态的氢，只有结合在化合物中的氢。

　　与地球质量差不多的星球，或比地球质量还要小的星球，如火星、金星等，表面大气中也没有氢气，就是同样的道理。比地球质量大的星球，如木星、土星及天王星和海王星等，引力就比较强，能够吸引住氢，所以表面大气中氢含量就非常丰富。

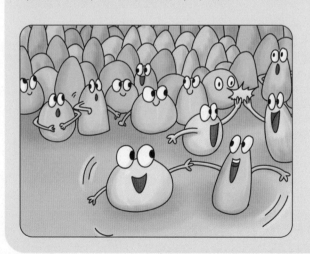

　　氢气是最轻的气体，医学上用氢气来治疗疾病。

图书在版编目(CIP)数据

小笨熊这就是数理化. 这就是数理化. 10 / 崔钟雷主编. -- 哈尔滨：黑龙江美术出版社，2021.4
（疯狂的十万个为什么系列）
ISBN 978-7-5593-7259-8

Ⅰ. ①小… Ⅱ. ①崔… Ⅲ. ①数学 – 儿童读物②物理学 – 儿童读物③化学 – 儿童读物 Ⅳ. ①O-49

中国版本图书馆 CIP 数据核字（2021）第 058182 号

书　名 / 疯狂的十万个为什么系列
FENGKUANG DE SHI WAN GE WEISHENME XILIE
小笨熊这就是数理化　这就是数理化 10
XIAOBENXIONG ZHE JIUSHI SHU-LI-HUA
ZHE JIUSHI SHU-LI-HUA 10

出 品 人 / 于　丹
主　编 / 崔钟雷
策　划 / 钟　雷
副 主 编 / 姜丽婷　贺　蕾
责任编辑 / 郭志芹
责任校对 / 徐　研
插　画 / 李　杰
装帧设计 / 稻草人工作室
出版发行 / 黑龙江美术出版社
地　址 / 哈尔滨市道里区安定街 225 号
邮政编码 / 150016
发行电话 / (0451)55174988
经　销 / 全国新华书店
印　刷 / 临沂同方印刷有限公司
开　本 / 787mm×1092mm　1/32
印　张 / 9
字　数 / 300 千字
版　次 / 2021 年 4 月第 1 版
印　次 / 2021 年 4 月第 1 次印刷
书　号 / ISBN 978-7-5593-7259-8
定　价 / 240.00 元（全十二册）

本书如发现印装质量问题，请直接与印刷厂联系调换。